SITZUNGSBERICHTE DER DEUTSCHEN AKADEMIE
DER WISSENSCHAFTEN ZU BERLIN

*Klasse für Mathematik, Physik und Technik*
*Jahrgang 1956 Nr. 4*

*HANS ERTEL*

# EINE KOMPATIBILITÄTS-BEDINGUNG DER HÖHEREN GEODÄSIE

1956

AKADEMIE-VERLAG · BERLIN

Vorgelegt in der Gesamtsitzung vom 14. Juni 1956
Zum Druck genehmigt am gleichen Tage, ausgegeben am 30. August 1956

Erschienen im Akademie-Verlag GmbH., Berlin W 8, Mohrenstraße 39
Lizenz-Nr. 202 . 100/584/56
Satz und Druck: VEB Druckerei „Thomas Müntzer" Bad Langensalza
Bestell- und Verlagsnummer: 2010/56/I/4
Preis: DM 1.30
Printed in Germany

## Inhaltsübersicht

## I. Entwicklung der Kompatibilitäts-Bedingung

Die Bestimmung der als Rotations-Sphäroid mit hemisphärischer Symmetrie aufgefaßten theoretischen Erdfigur basiert auf der vom BRUNSschen T-Term separierten Kraftfunktion

1) $$U = \frac{\mu_0}{r} + \frac{\mu_2}{r^3} P_2(\cos\vartheta) + \frac{1}{2}\omega^2 r^2 \sin^2\vartheta$$

des Schwerefeldes [Lit. (1, 2)]. In dieser Darstellung der Kraftfunktion $U$ bedeuten:

$r$ = Abstand vom Erdmittelpunkt,

$\vartheta$ = Poldistanz $= \pi/2 - \psi$, $\psi$ = Geozentrische Breite,

$P_2(\cos\vartheta)$ = LEGENDREsche Kugelfunktion 2. Ordnung

$$= \frac{1}{2}(3\cos^2\vartheta - 1)\,,$$

$\omega$ = Winkelgeschwindigkeit der Erdrotation.

Die Koeffizienten $\mu_0$ und $\mu_2$ der Kugelfunktionsentwicklung (1) können mittels der Masse der Erde und der Differenz der Hauptträgheitsmomente physikalisch interpretiert werden; aber ohne Kenntnis der Masse und der Massenverteilung innerhalb einer durch

2) $$U = \text{const}$$

definierten theoretischen Erdfigur (bzw. ohne äquivalente astronomische Daten) sind $\mu_0$ und $\mu_2$ numerisch unbekannte Größen.

Die theoretische Schwerebeschleunigung (Normalschwere) ist durch

$$g = -\frac{\partial U}{\partial n} \tag{3}$$

gegeben ($n$ = äußere Normale). Für die Pole ($\vartheta = 0, \pi$) und für den Äquator ($\vartheta = \pi/2$) gilt $\frac{\partial}{\partial n} = \frac{\partial}{\partial r}$; daher ergibt sich für die Pole und die Punkte des Äquators die Normalschwere durch Substitution von $\vartheta = (0, \pi; \pi/2)$ bzw. $\psi = (\pm 90°; 0°)$ in

$$g = \frac{\mu_0}{r^2} + \frac{3\,\mu_2}{r^4} P_2(\cos\vartheta) - \omega^2 r \sin^2\vartheta\,. \tag{4}$$

Für einen polaren Punkt $|\psi| = 90°$ der durch $U = \text{const}$ definierten theoretischen Erdfigur nehme $r$ den Wert $r = c$ („kleine Halbachse") und für einen äquatorialen Punkt $\psi = 0°$ den Wert $r = a$ („große Halbachse") an.

Die Kraftfunktion (1) und die theoretische Schwere (3) ergeben für diese Punkte:

$$\left\{\begin{aligned} U_{90} &= \frac{\mu_0}{c} + \frac{\mu_2}{c^3}\,, \\ U_0 &= \frac{\mu_0}{a} - \frac{1}{2}\frac{\mu_2}{a^3} + \frac{1}{2}\omega^2 a^2\,, \\ g_{90} &= \frac{\mu_0}{c^2} + 3\frac{\mu_2}{c^4}\,, \\ g_0 &= \frac{\mu_0}{a^2} - \frac{3}{2}\frac{\mu_2}{a^4} - \omega^2 a\,, \end{aligned}\right. \tag{5}$$

welches Gleichungsquadrupel wegen $U = \text{const}$ ($U_{90} = U_0$) auf das *Gleichungstripel*

$$6)\quad \begin{cases} \frac{1}{c}\mu_0 + \frac{3}{c^3}\mu_2 = g_{90}\,c\,, \\ \frac{1}{a}\mu_0 - \frac{3}{2\,a^3}\mu_2 = g_0\,a + \omega^2\,a^2\,, \\ \left(\frac{1}{c} - \frac{1}{a}\right)\mu_0 + \left(\frac{1}{c^3} + \frac{1}{2\,a^3}\right)\mu_2 = \frac{1}{2}\,\omega^2\,a^2\,, \end{cases}$$

reduziert werden kann, das die *zwei Unbekannten* $\mu_0$ und $\mu_2$ enthält.

Damit dieses System (6) von drei Gleichungen für die beiden Unbekannten $\mu_0$ und $\mu_2$ widerspruchsfrei ist, die drei Gleichungen (6) also miteinander verträglich oder kompatibel sind, muß nach elementaren Sätzen der Algebra [Lit. (3, 4)] die Determinante der „erweiterten Koeffizientenmatrix“

$$7)\quad \begin{pmatrix} g_{90}\,c & \frac{1}{c} & \frac{3}{c^3} \\ g_0\,a + \omega^2\,a^2 & \frac{1}{a} & -\frac{3}{2\,a^3} \\ \frac{1}{2}\,\omega^2\,a^2 & \left(\frac{1}{c} - \frac{1}{a}\right) & \left(\frac{1}{c^3} + \frac{1}{2\,a^3}\right) \end{pmatrix}$$

verschwinden, aber wenigstens eine der Determinanten zweiter Ordnung der „Koeffizientenmatrix“

$$8)\quad \begin{pmatrix} \frac{1}{c} & \frac{3}{c^3} \\ \frac{1}{a} & -\frac{3}{2\,a^3} \\ \left(\frac{1}{c} - \frac{1}{a}\right) & \left(\frac{1}{c^3} + \frac{1}{2\,a^3}\right) \end{pmatrix}$$

von Null verschieden sein. Letztere Bedingung ist erfüllt und als *Kompatibilitäts-Bedingung* verbleibt das Verschwinden der Determinante:

$$
9)\qquad \begin{vmatrix} g_{90}\, c & \dfrac{1}{c} & \dfrac{3}{c^3} \\[2ex] g_0\, a + \omega^2 a^2 & \dfrac{1}{a} & -\dfrac{3}{2\, a^3} \\[2ex] \dfrac{1}{2}\, \omega^2 a^2 & \left(\dfrac{1}{c} - \dfrac{1}{a}\right) & \left(\dfrac{1}{c^3} + \dfrac{1}{2\, a^3}\right) \end{vmatrix} = 0
$$

Mittels Division der ersten Spalte durch $g_0\, a$, Multiplikation der zweiten bzw. dritten Spalte mit $c$ bzw. $c^3$ und Einführung der in der Geodäsie gebräuchlichen Parameter

$\dfrac{a - c}{a} = \alpha$ = „Abplattung“,

$\dfrac{g_{90} - g_0}{g_0} = \Gamma$ = Schwereunterschied zwischen Pol und Äquator, bezogen auf die Schwere am Äquator,

$\dfrac{\omega^2 a}{g_0} = \beta$ = Zentrifugalbeschleunigung am Äquator, bezogen auf die Schwere am Äquator,

geben wir der Kompatibilitäts-Bedingung (9) zunächst die Form:

$$
10)\qquad \begin{vmatrix} (1 + \Gamma)(1 - \alpha) & 1 & 3 \\[2ex] 1 + \beta & 1 - \alpha & -\dfrac{3}{2}(1 - \alpha)^3 \\[2ex] \dfrac{1}{2}\beta & \alpha & 1 + \dfrac{1}{2}(1 - \alpha)^3 \end{vmatrix} = 0
$$

## II. Transformation der Kompatibilitäts-Bedingung und Clairauts Theorem

Die Darstellung (10) der Kompatibilitäts-Bedingung läßt erkennen, daß dieselbe in geschlossener Form eine Funktionalbeziehung

$$\Phi(\Gamma, \alpha, \beta) = 0 \tag{11}$$

zwischen denselben Parametern $\Gamma$, $\alpha$ und $\beta$ ausdrückt, welche durch das Theorem von Clairaut approximativ miteinander verknüpft sind und das in seiner ursprünglichen Fassung

$$\Gamma + \alpha - \frac{5}{2}\beta = 0 \tag{12}$$

lautet. Um die Beziehung zwischen der Kompatibilitäts-Bedingung (10) und der Form (12) des Clairautschen Theorems klarzustellen, führen wir folgende Transformation der Determinante (10) aus:

Addition der mit dem Faktor 3 multiplizierten dritten Zeile zur zweiten und Subtraktion der derart umgeformten zweiten Zeile von der ersten ergibt:

$$\begin{vmatrix} \Gamma\cdot(1-\alpha)-\alpha-\frac{5}{2}\beta & -2\alpha & 0 \\ 1+\frac{5}{2}\beta & 1+2\alpha & 3 \\ \frac{1}{2}\beta & \alpha & 1+\frac{1}{2}(1-\alpha)^3 \end{vmatrix} = 0 \tag{13}$$

Weiter führt die Addition der ersten Zeile zur zweiten und anschließende Subtraktion der zweiten Spalte von der ersten Spalte die Gleichung (13) in

$$\text{14)} \quad \begin{vmatrix} \Gamma \cdot (1-\alpha) + \alpha - \frac{5}{2}\beta & -2\alpha & 0 \\ \Gamma \cdot (1-\alpha) - \alpha & 1 & 3 \\ \frac{1}{2}\beta - \alpha & \alpha & 1 + \frac{1}{2}(1-\alpha)^3 \end{vmatrix} = 0$$

über.

Durch Multiplikation der dritten Zeile mit dem Faktor 2, Division der dritten Spalte durch $2 + (1-\alpha)^3$ und Addition der ersten Zeile zur dritten folgt schließlich:

$$\text{15)} \quad \boxed{\begin{vmatrix} \Gamma \cdot (1-\alpha) + \alpha - \frac{5}{2}\beta & -2\alpha & 0 \\ \Gamma \cdot (1-\alpha) - \alpha & 1 & \frac{3}{2 + (1-\alpha)^3} \\ \Gamma \cdot (1-\alpha) - \alpha - \frac{3}{2}\beta & 0 & 1 \end{vmatrix} = 0}$$

Entwickelt man die in dieser Gleichung (15) auftretende Determinante nach den Elementen der ersten Spalte, die sämtlich von der Größenordnung der Abplattung sind:

$$\begin{aligned} &\left\{\Gamma \cdot (1-\alpha) + \alpha - \frac{5}{2}\beta\right\} D_{11} \\ &+ \left\{\Gamma \cdot (1-\alpha) - \alpha\right\} D_{21} \\ &+ \left\{\Gamma \cdot (1-\alpha) - \alpha - \frac{3}{2}\beta\right\} D_{31} = 0 \end{aligned}$$

und beachtet, daß die entsprechenden Unterdeterminanten die Werte

$$D_{11} = 1\,, \qquad D_{21} = 2\,\alpha\,, \qquad D_{31} = -\frac{6\,\alpha}{2 + (1-\alpha)^3}$$

besitzen, so erkennt man sofort, daß die Beschränkung auf Terme erster Ordnung zur Approximation (12) führt, d. h. auf das CLAIRAUTsche Theorem in seiner einfachsten Form, da bei dieser Näherung auch $\Gamma \cdot (1-\alpha)$ durch $\Gamma$ ersetzt werden kann. Die Zusatzterme höherer Ordnung, die in (15) enthalten sind und in der Entwicklung (16) auftreten, sind selbstverständlich nicht zu verwechseln mit jenen Zusatztermen des CLAIRAUTschen Theorems, welche HELMERT [Lit. (5)] für ein Niveausphäroid ermittelte, das eine Kugelfunktion 4. Ordnung enthält.

Es ist bekannt, daß CLAIRAUTS Theorem als eine „sehr spezielle Lösung der zweiten Randwertaufgabe der Potentialtheorie in ihrer Anwendung auf die Erdfigur“ angesehen wird [Lit. (6, 7)]. *Auf Grund der vorstehenden Ausführungen dürfte es jedoch zutreffender sein, CLAIRAUTS Theorem in der Form* (12) *als erste Approximation der allgemeingültigen Kompatibilitäts-Bedingung* (9) *bzw.* (10) *oder* (15) *aufzufassen.*

*Will man andererseits, über die von CLAIRAUT formulierte Approximation* (12) *hinausgehend, eine Funktionalbeziehung* (11) *allgemein als CLAIRAUTsches Theorem bezeichnen, so ist die Kompatibilitäts-Bedingung* (9) *bzw.* (10) *oder* (15) *die genaue Darstellung dieser Funktionalbeziehung in geschlossener Form.*

## III. Numerische Anwendung der Kompatibilitäts-Bedingung

Es ist nicht zu erwarten, daß die empirisch ermittelten geodätisch-geophysikalischen Werte von $\Gamma$, $\alpha$ und $\beta$ der Kompatibilitätsbedingung in aller Strenge genügen; z. B. kann schon der empirisch gefundene Wert von $\Gamma$ „die Schwereverteilung einer

Erde mit normaler Massenverteilung nur annähern" [Lit. (8)]. Dementsprechend wird die Determinante der Kompatibilitäts-Bedingung mit den empirischen Daten nicht genau den Wert Null annehmen, jedoch ist sowohl für die Daten des „*Internationalen Erdellipsoids*" [Lit. (9)] als auch für diejenigen des (zweiachsigen) „KRASSOWSKI-*Ellipsoids*" [Lit. (10)] die Kompatibilitäts-Bedingung um nahezu eine Größenordnung genauer erfüllt als die CLAIRAUT-Approximation (12), deren rechte Seite bei der Substitution der empirischen Daten statt Null den Wert

$$\Gamma + \alpha - \frac{5}{2}\beta = -1{,}4 \cdot 10^{-5}$$

annimmt.

Die Determinante der Kompatibilitäts-Bedingung in der Form (15) ergibt mit den Daten des *Internationalen Erdellipsoids:*

$$\begin{vmatrix} -0{,}000\,032\,0 & -0{,}006\,734\,0 & 0 \\ 0{,}001\,903\,6 & 1 & 1{,}003\,367\,0 \\ -0{,}003\,298\,2 & 0 & 1 \end{vmatrix} = +3 \cdot 10^{-6} \tag{19}$$

und mit den Daten des (zweiachsigen) KRASSOWSKI-*Ellipsoids*:

$$\begin{vmatrix} -0{,}000\,031\,8 & -0{,}006\,704\,7 & 0 \\ 0{,}001\,932\,8 & 1 & 1{,}003\,352\,3 \\ -0{,}003\,268\,8 & 0 & 1 \end{vmatrix} = +3 \cdot 10^{-6} \tag{20}$$

so daß die Daten beider Ellipsoide der Kompatibilitäts-Bedingung mit gleicher Genauigkeit genügen.

## IV. Zusammenfassung

Die Bestimmung der als Rotations-Sphäroid mit hemisphärischer Symmetrie aufgefaßten theoretischen Erdfigur basiert auf einer Kraftfunktion des Schwerefeldes, die zwei Potentialkoeffizienten enthält. Da aber beim Vergleich der Normalschwere zwischen Pol und Äquator derselben Niveaufläche diese beiden Potentialkoeffizienten drei Gleichungen genügen müssen, ist eine Kompatibilitäts-Bedingung für die Parameter der Erdfigur und des Schwerefeldes zu erfüllen. Das Theorem von CLAIRAUT stellt die erste Näherung dieser Kompatibilitäts-Bedingung mit einer Abweichung von der Größenordnung $10^{-5}$ dar. Die derzeitigen geodätisch-geophysikalischen Daten sind aber der strengen Form der Kompatibilitäts-Bedingung mit einer Genauigkeit von der Größenordnung $10^{-6}$ besser angepaßt.

## Literaturnachweise


1) W. Jordan u. O. Eggert, Handbuch der Vermessungskunde. 3. Bd., 2. Halbband. 9. Aufl. Stuttgart 1948, S. 288—305.
2) K. Jung, Figur der Erde. In: Handbuch der Physik (Encyclopedia of Physics) Bd. XLVII, Geophysik I (Redaktion: J. Bartels), Berlin-Göttingen-Heidelberg 1956, S. 534—639.
3) E. Lindelöf u. E. Ullrich, Einführung in die Höhere Analysis. Unveränd. Nachdruck der 2. Aufl., Leipzig 1956, S. 502—505.
4) W. L. Ferrar, Higher Algebra for Schools. Oxford 1945 (Reprinted 1948, 1952) pag. 178.
5) F. R. Helmert, Die mathematischen und physikalischen Theorien der Höheren Geodäsie. II. Teil, Leipzig 1884, S. 77—79.
6) F. Hopfner, Physikalische Geodäsie. Leipzig 1933, S. 340—344.
7) F. Hopfner, Grundlagen der Höheren Geodäsie. Wien 1949, S. 181—183.
8) K. Jung, Regionale und lokale Anomalien des Schwerefeldes, Isostasie. In: Handb. d. Exp.-Physik (Wien-Harms) Bd. XXV, 2. Leipzig 1931, S. 269.
9) C. F. Baeschlin, Lehrbuch der Geodäsie. Zürich 1948, S. 30 f. u. 449.
10) D. W. Sagrebin, Die Theorie des regularisierten Geoids. Veröff. d. Geodät. Inst. in Potsdam. Berlin 1956, S. 47—53 u. 87.

Bei Fragen zur Produktsicherheit wenden Sie sich bitte an:
If you have any questions regarding product safety,
please contact:

Walter de Gruyter GmbH
Genthiner Straße 13
10785 Berlin
productsafety@degruyterbrill.com